# 科技史里看中国

## 宋辽
### 制盐技术日渐成熟

王小甫 ◆ 主编

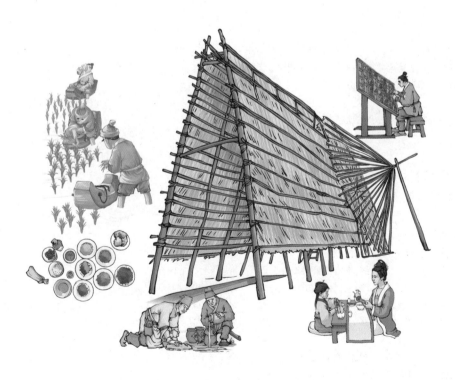

人民东方出版传媒
People's Oriental Publishing & Media
东方出版社
The Oriental Press

**图书在版编目（CIP）数据**

科技史里看中国.宋辽：制盐技术日渐成熟/王小
甫主编. -- 北京：东方出版社，2024.3

ISBN 978-7-5207-3743-2

Ⅰ.①科… Ⅱ.①王… Ⅲ.①科学技术—技术史—中
国—少儿读物②制盐—技术史—中国—辽宋金元时代—少
儿读物 Ⅳ.① N092-49 ② TS3-092

中国国家版本馆 CIP 数据核字 (2023) 第 214195 号

## 科技史里看中国 宋辽：制盐技术日渐成熟
（KEJISHI LI KAN ZHONGGUO SONGLIAO: ZHIYAN JISHU RIJIANCHENGSHU）

王小甫 主编

| 策划编辑：鲁艳芳 | 责任编辑：金 琪 |
| --- | --- |

出　　版：东方出版社
发　　行：人民东方出版传媒有限公司
地　　址：北京市东城区朝阳门内大街166号　　邮　编：100010
印　　刷：华睿林（天津）印刷有限公司　　版　次：2024年3月第1版
印　　次：2024年3月北京第1次印刷　　开　本：787毫米×1092毫米　1/16
印　　张：5　　字　数：67千字
书　　号：ISBN 978-7-5207-3743-2　　定　价：300.00元（全10册）
发行电话：（010）85924663　85924644　85924641

我很好奇，没有发达的科技，古人是怎样生活的呢？

娜娜，古人的生活会不会很枯燥呢？

**娜娜**
四年级小学生，喜欢历史，充满好奇心。

**旺旺**
一只会说话的田园犬。

古人的生活可不枯燥。他们铸造了精美实用的青铜"冰箱"，纺织了薄如蝉翼的轻纱；他们面朝黄土，创造了农用机械，提高了劳作效率；他们仰望星空，发明了天文观测仪器，记录了日食、彗星；他们建造了雕梁画栋的建筑，烧制了美轮美奂的瓷器……这些科技成就影响了古人的生活，推动了中华文明的历史的进程，甚至传播到世界各地，促进了人类文明的进步。

中华民族历史悠久，每个时期都有重要的科技发展。我们一起去参观这些灿烂文明留下的痕迹吧，以朝代为序，由我来讲解不同时期的科技发展历史，让我们一起从科技史里看中国！

**机器人洋洋**
博物馆机器人，数据库里储存了很多历史知识。

# 目录

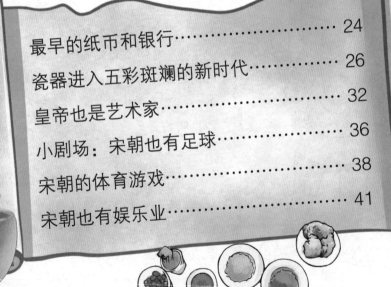

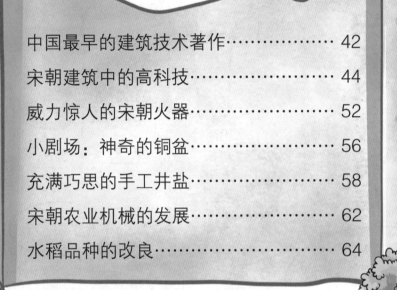

今天的活动，就从这里开始吧。

完成了！

好玩吧，这是拓印。古代的印刷术就是采用的这个原理。

7

# 活字印刷术

中国的印刷术起源于唐朝，但那时人们印书还是用整块雕版，称为雕版印刷术。到了北宋，雕版印刷工毕昇经过长期实践总结，发明了更灵活高效的印刷技术——活字印刷术。活字印刷术用可组合的单个字印取代了整块雕版，在大量印刷书籍时，根据内容选取相应的字组合成印版，印刷后再把字印取出来，留待下次使用。这种技术大大降低了印刷成本，提高了生产效率，对书籍的制作、知识的传播具有极其重要的意义。

## 小知识

纸制品不易保存，所以留存于世的古书更显珍贵。另外，宋版书成书早、刊刻技术高超，所以到明朝时已成为一类特殊的古董，被富商、文人争相收藏。这种风气一直延续到今天，使宋版书成为极具收藏价值的一类书。

毕昇像

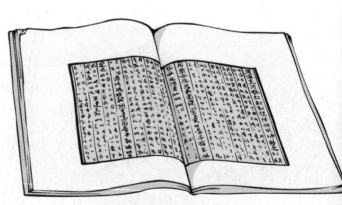

"一页千金"的宋版书

活字印刷流程

1.排版前根据印刷内容把单字字印挑选出来。先预备多块铁板,在铁板铺上松香、蜡和纸灰等的混合物,然后依次放入字印。

2. 将排好字印的印版用火烘烤，使松香、蜡熔化，冷却后字印就被固定在了铁板上。

3. 在做好的印版上刷墨，准备拓印。

4. 把纸张放在印版上，用拓包反复拍打，使字迹均匀、清晰。

5.等墨迹干透后，将纸张折页，再用针线装订成书。

北宋《佛说观无量寿佛经》活字印本

1965 年，人们在浙江温州白象塔内发现了一片纸质佛经残片，经考证，其印刷于 1100—1103 年的北宋时期，是目前发现最早的毕昇活字印刷技术的印刷品。现藏于温州博物馆。

## 宋朝也有"名牌大学"

在隋朝以前，只有王公贵族才能接受教育、担任官职，而平民即便再有才能，也没有机会报效国家。这种情况直到隋朝建立才开始改变——隋炀帝时期，朝廷实行科举考试制度，在考试中取得好成绩的人，无论出身如何，都有机会成为官员、治理国家。从那以后，越来越多的平民走入了学校，上学读书成了很多平民改变命运的方式。

到了宋朝，国家和社会推崇文化教育的风气达到了顶峰，全国不仅有大量私塾，还出现了一些"名牌大学"。北宋最著名的四所"大学"叫作"四大书院"，它们是河南的应天书院、湖南的岳麓（lù）书院、江西的白鹿洞书院，以及河南的嵩阳书院（一说湖南的石鼓书院）。

岳麓书院

岳麓书院创建于976年。匾额上的"岳麓书院"4个字是1015年宋真宗御笔赐书。1903年，书院改名为湖南高等学堂，后来又在1926年改名为湖南大学。也就是说，这是一所开了1000多年的大学。

　　宋代的书院和今天的大学非常类似，设有图书馆、体育场、学生宿舍，还会聘请知名学者担任讲师。官员和皇帝也经常到大型书院视察。

　　那么宋朝人在学校学什么呢？主要是"六艺"，即礼仪、音乐、射箭、驾车、语文、数学。不过由于宋朝十分重文轻武，所以逐渐废除了射箭、驾车的教学，增加了大量儒家经典的课程。甚至到了后来，学校就只教语文和数学了。

沈括像

## 宋朝的"百科全书"

百科全书，指包含天文、地理、历史、动植物……各种知识的书籍，要出版这样一套书，说明人们对各个领域的科学知识，都有了一定积累。

在北宋，学者沈括总结了古代至北宋的科学成就，写出了《梦溪笔谈》。书中内容涉及天文、数学、物理、化学、生物、建筑工程等各个门类，具有极高的学术价值。《梦溪笔谈》称得上中国古代第一部百科全书。

元刊《梦溪笔谈》

目前存世的最早版本的《梦溪笔谈》是中国国家图书馆收藏的元大德九年（1305 年）出版的版本。另有一些元刊书页在私人藏家手中。

在《梦溪笔谈》中，沈括以自己丰富的阅历，撰写了有关山川、地名沿革与考辨的内容，为自然地理的研究提供了宝贵的史料。比如，他曾亲自到温州雁荡山考察，分析了当地喀斯特地貌的成因。沈括认为喀斯特地貌是因流水侵蚀岩石而形成的——这一判断非常准确，欧洲直到18世纪末才在《地球理论》一书中提出这一观点。

螺蚌化石

沈括考察雁荡山地貌

沈括在太行山考察时，从山体中找到螺蚌化石，他根据对化石和古河道的研究，提出了海陆变迁理论，即巍峨耸立的太行山在远古时是一片汪洋。

沈括曾到全国多地考察山川，记录下了地名、地貌，并绘制了地图，还在书中分析了地形地貌的成因。

在《梦溪笔谈》中，沈括记录了4种指南针的制法，还对磁石极性、磁偏角现象进行了描述和研究。关于指南针的制作，沈括认为将磁石磨成针，放于水面上、指甲上或碗边，磁针停止转动后就可以指出方向，但放在水面上，磁针会受水波影响晃荡，放在指甲、碗边又容易掉落，所以最好的方法是将磁针用丝线悬挂起来。

缕悬法指南针

取单根蚕丝系于木架上，蚕丝下端用蜡粘接于磁针中部，悬挂在无风的地方。由于磁针具有磁性，受地球磁场影响，会指向同一方向，这时只要结合木盘上的标识，读出方位即可。

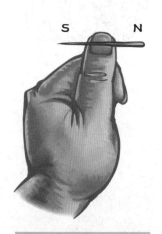

指甲旋定法指南针

指甲旋定法是将磁石磨成的针轻放在指甲上，由于指甲光滑，磁针所受的摩擦力较小，所以很容易指示出磁场方向。

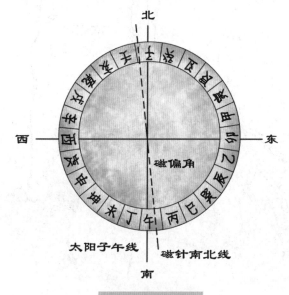

磁偏角示意图

磁偏角，是指地球表面任一点的磁子午圈同地理子午圈的夹角。沈括在《梦溪笔谈》中记录了磁针"常微偏东，不全南也"的磁偏角现象。

# 指南针的应用

早在战国末期，中国就出现了司南。但司南使用起来很不方便，到了西晋，人们又发明了"指南鱼"。指南鱼是将薄铁片剪成鱼形，对其进行磁化处理，再放入水碗中，磁化后的铁鱼就会受地球磁场作用发生旋转，在碗中指示方向。它的原理与司南一样，但灵活性比司南好。北宋时，人们已经将指南鱼应用到了军事领域。

指南鱼

关于指南鱼的首次记载出现在4世纪的西晋。北宋年间的军事著作《武经总要》中也提到过它。书中说，在阴天或夜晚行军，无法辨明方向时，应当让老马在前面带路，或者用指南车、指南鱼辨别方向。

南宋执罗盘立人陶俑

陶俑人物拿着的正是史书中记载的南宋"子午盘"。

不过，指南鱼磁性较弱，指示常常不准确，所以后世的科学家一直在改造指南工具。北宋沈括发明的缕悬法指南针，使用方便，准确性高，大大提升了人们查找方向的能力。到了南宋，人们又发明了把磁针和方位盘组合起来的指南工具"针盘"（又称"地盘"或"子午盘"），这种工具已经与现代指南针非常接近了。宋朝海运发达，人们的远航能力较以前有了显著提高，这与指南针的应用有很大关系。

## 小剧场：海底的宝贝

原来你也喜欢探宝啊?

那当然!

那么你知道这艘沉船在哪里吗?

它叫"南海一号",是一艘沉在广东阳江海域的南宋商船。

想看从船上打捞出的宝贝吗?跟我来吧。

# 繁荣的海上丝绸之路

很多人都熟悉"丝绸之路"，这是一条连通欧洲、西亚、中亚与中国的贸易商路。古代中原的丝绸、瓷器沿着这条路被卖到国外，西亚、中亚的金银器、农产品也沿着这条路被带进中原。但其实，还有一条"海上丝绸之路"，它联系着古代中国东南沿海、东南亚、南亚和阿拉伯半岛，宋朝时，大量的瓷器就是通过这条商路被卖到海外的。

商人们通过海上丝绸之路进行贸易

"南海一号"出土龙泉窑青瓷菊瓣纹盘

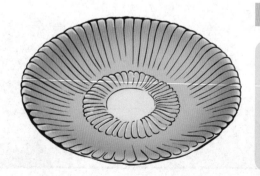

"南海一号"出土的瓷器来自不同的窑厂，其中龙泉窑系瓷器在沉船货物中占的比重较大。这只龙泉窑瓷盘内壁刻画菊瓣纹，釉色纯净莹润，远望之如有水盛于其中。

两宋时期，政府重视商业，允许民间商船出海做生意，加上宋朝造船技术和航海技术明显提高，指南针广泛应用于航海，使中国商船的远航能力大为加强，因此海上贸易在两宋发展非常快，到南宋时更是达到了前所未有的繁荣。

唐朝出口的主要商品是丝绸等纺织品，但宋朝时，制瓷业进一步发展，各种瓷器成了海运贸易中的主角。在广东阳江海域中发现的南宋沉船"南海一号"就证明了这一点。

"南海一号"复原模型

　　"南海一号"是迄今为止世界上发现的海上沉船中年代最早、船体最大、保存最完整的远洋贸易商船。船体采用水密隔舱设计，载重量达800吨。至2016年，沉船遗址中已清理出瓷器13000余套，证明瓷器是宋朝出口最多的商品。

## "南海一号"出土鎏金腰带

"南海一号"上还出土了多件金器，包括带有明显中亚、西亚风格的鎏（liú）金腰带。它可能是当年船上的阿拉伯商人的随身物，也可能是贸易商品。

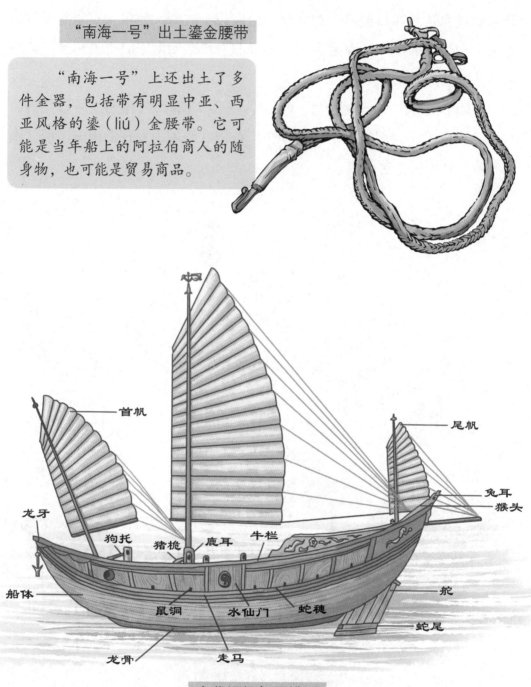

宋代福船复原模型

福船出现于宋代，是一种尖底海船，以行驶于南洋和远海著称。它高大如楼，底尖上阔，首尾高昂，两侧有护甲板，可吃水4米。

发达的海上贸易为宋朝积累了大量财富，也推动了港口城市的快速发展。两宋时，繁华的港口城市有广州、宁波、泉州等。南宋《诸蕃志》记载，当时仅泉州一城就和 58 个国家和地区有贸易往来，很多南亚、阿拉伯商人也来到泉州定居。南宋中晚期，泉州还超越了广州，成为当时的"东方第一大港"。

南宋泉州建筑想象图

# 最早的纸币和银行

远古时期，人们用贝壳充当货币；春秋战国时期，古人开始用青铜铸造货币。秦统一全国后，将青铜铸造的圆形钱币指定为唯一货币，这种铜钱随后使用了 2000 多年。但外出做生意，背着大堆笨重的铜钱赶路，无疑是辛苦的，所以到了商贸繁盛的宋代，新的货币出现了。

北宋时，人们发明了一种可以兑换铜钱的印刷品，叫"交子"——这就是我国最早的纸币。交子上写有面额、发行机关，宋朝还规定了对举报者和伪造者的赏罚措施等。

北宋交子

这是根据中国印刷博物馆收藏的交子印刷模板印制的拓片。北宋交子多用铜版印刷，版刻图案精细，民间很难仿制。

宋代能发行纸币,那么是不是也有银行了?是的,古代的银行叫作钱庄,和现代金融机构一样,提供借贷和货币兑换业务。钱庄在唐朝时已经有所发展,到了推崇商业文化的宋朝,更是进入了繁盛期。北宋的交子最早就是由这些钱庄推行的。

宋真宗时期,官府向 16 家财力雄厚的钱庄颁发交子牌照,认可了它们的金融服务资质。这些钱庄之间还形成了联保制度,使交子的信誉得到保证。

宋朝钱庄想象图

想象一下,你是一个宋朝的商人,现在要带资金外出采购货品,但这些铜钱根本背不动,这时该怎么办呢?你可以找一家朝廷认证的钱庄,存进去 1000 文铜钱,就会拿到一张面值 1000 文的交子。等你到了卖货的地方,再找一家联保钱庄,就可以把铜钱取出来了。交子上不注明存取款人信息,所以你要注意不要把交子弄丢了,如果别人捡到交子的话,也可以去钱庄取钱。

## 瓷器进入五彩斑斓的新时代

宋朝瓷器在唐代青白瓷的基础上，有了进一步发展。当时的制瓷业突破了"南青北白"的局面，无论瓷器的器形，还是釉色、装饰都前所未有地丰富起来。宋朝有八大窑系，分别是北方的定窑、磁州窑、钧窑、耀州窑，以及南方的景德镇窑、越窑、龙泉窑和建窑。

**宋定窑白釉盏托**

此盏托造型规整，釉色温润，纹饰简洁，具有美观又实用的特点。

**北宋磁州窑褐彩梅瓶**

磁州窑的匠师们吸收水墨画和书法艺术的技法，创造了具有水墨画风的白地黑绘装饰艺术，首开中国瓷器彩绘装饰的先河。这只梅瓶一面为萱草纹，另一面的行书为唐代诗人王维的《少年行》。

北宋耀州窑青釉刻花牡丹纹碗

耀州窑位于陕西铜川，主要产青釉瓷器。这件青瓷碗盘面有刻花纹饰，中间为两朵牡丹，四周枝叶环绕，具有浮雕效果。

北宋钧窑玫瑰紫釉海棠式花盆

此花盆口呈海棠式，晶莹的天蓝釉色中映现出宛若玫瑰般的紫红，极其斑斓，是北宋后期宫廷用瓷。

北宋钧窑天蓝釉盏托

钧窑瓷器以绚丽多彩著称于世。瓷釉采用氧化铜为着色剂，创造出铜红釉窑变技术，烧出的釉色青中带红、如蓝天中的晚霞。

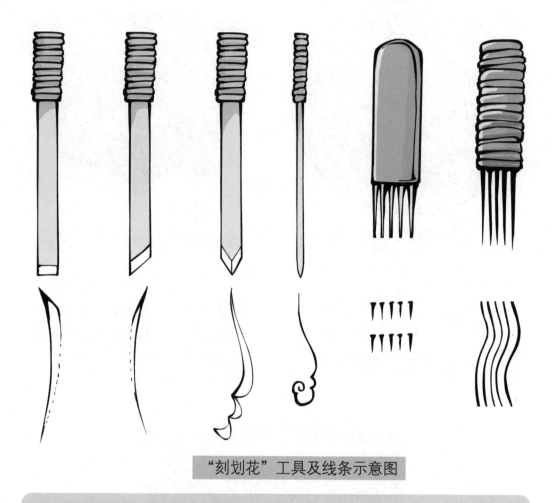

"刻划花" 工具及线条示意图

所谓"刻划花"，就是用竹质、骨质或铁质的平口或斜口的刀状工具，在尚未干透的瓷器坯体上刻制出花纹线条的装饰。耀州窑刻花工艺出现在宋代早期，北宋中期达到顶峰，后逐渐被印花工艺取代。

一说起瓷器，现代很多人就会想到景德镇。而景德镇的辉煌，正始于宋代。宋代景德镇瓷器以青白瓷著称，这些瓷器的瓷胎精致细腻，釉色白里泛青，青中有白，莹润如玉。到明清时，景德镇瓷器又发展出一种"影青"瓷——工匠把瓷胎做得极薄，并刻上各种精细的花纹，在光线照射下，里外都能看到图案，因此被称为"影青"。

宋景德镇窑影青瓷壁灯

这件壁灯釉色纯正，造型稀有，为景德镇窑珍品。

北宋越窑青瓷牡丹纹龟钮盖罐

相较于唐代越窑，北宋越窑开始着眼于刻花和划花装饰，以及浮雕和堆塑等装饰手法。这件茶叶罐的罐腹刻有牡丹纹，口缘处堆塑有小龟。

龙泉窑是中国制瓷历史上存在时间最长的一个瓷窑系，它的产品畅销亚洲、非洲、欧洲，影响十分深远。关于龙泉窑，还有一个有趣的故事：传说南宋时有两兄弟一起在龙泉开窑厂，其中哥哥的窑厂烧出的瓷器叫作"哥窑"，而弟弟的窑厂烧出的瓷器叫"龙泉窑"或"弟窑"。哥窑瓷器因存世量少，而更显神秘。

宋青釉莲瓣碗

南宋以后，龙泉窑工匠发明了石灰碱釉，创烧出了风靡一时的粉青、梅子青釉色产品，使龙泉窑瓷器一时间声名鹊起，美誉如潮。

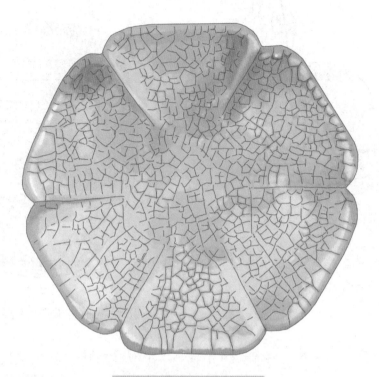

宋哥窑青釉葵瓣口盘

哥窑瓷器的重要特征是釉面开片，专业术语叫"冰裂纹"，俗称"金丝铁线"。

宋朝人热爱品茶，他们的茶文化较唐朝时又有了一些变化。宋朝沏茶的方式叫点茶：先将茶叶放进碗里，加入少量沸水拌成糊状，再次注入沸水，同时用茶筅（xiǎn）搅拌茶汤，使茶沫上浮，形成粥面。宋朝人还特别爱"斗茶"，就是在一起比较谁搅出的茶沫更好看。由于茶沫多呈浅色，所以用釉色较深的茶具更能显现茶沫，于是带动了黑瓷的流行。

北宋晚期，福建建窑为了满足人们斗茶的需求，开始专门烧制黑瓷。在黑瓷茶盏烧制的过程中，工匠们又逐渐掌握了制造窑变花纹的技术，使建窑茶盏更具有独特的艺术性。带有"鹧鸪斑"或"兔毫纹"的建窑茶盏流入日本后，成了人人争相收藏的艺术品。

宋建窑曜变天目盏

整只盏遍布星点晶体，光线所及，令人目眩。实物带有蓝色辉光，盏内随着周围光线角度的不同，光环的颜色会变幻不定，这种效果被称作"碗中宇宙"。

宋朝点茶

## 皇帝也是艺术家

　　两宋时期，社会极其推崇文化、艺术，使这一时期的文艺成就达到前所未有的高度。宋朝有多重视艺术呢？首先，皇帝就是艺术家。宋徽宗赵佶创造出独树一帜的书法字体，叫瘦金体，这种字体瘦挺爽利，侧锋如兰竹，与其所画的工笔画的审美十分契合。宋徽宗有很多书法真迹留存于世，其中《秾芳依翠萼诗帖》为大字楷书，是瘦金体书法的杰作。

　　赵佶还善于工笔绘画，他绘制的《瑞鹤图》描绘了鹤群盘旋于宫殿之上的壮观景象，绘画技法精妙，图中群鹤如云似雾，姿态百变，各具特色，是宋画的典范之作。

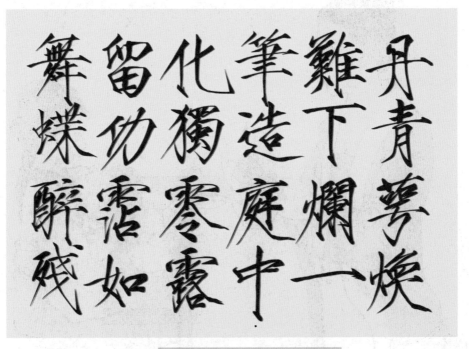

《秾芳依翠萼诗帖》局部

此帖为大字楷书，运笔快捷灵活，笔力瘦劲，个性极其强烈。

《瑞鹤图》局部

据说1112年上元节后的一天，都城汴京上空忽然云气飘浮，一群仙鹤飞鸣于宫殿上空，久久盘旋，不肯离去。这场景引得皇城宫人仰头惊诧，行路百姓驻足观看。宋徽宗赵佶由此场景产生灵感，创作了工笔画《瑞鹤图》。

宋朝不仅出了皇帝艺术家，还涌现出了一大批书法家。宋朝书法家有4位代表人物：苏轼、黄庭坚、米芾（fú）、蔡襄。他们留下了大量精美的书法作品，对中国书法的发展产生了深远影响。北宋的书法家不仅擅长书法，也常常精通绘画、诗词文学，他们本身还是朝廷官员。从皇帝到官员都这么推崇艺术，可想而知宋朝社会对文化艺术是何等重视了。

宋朝专门设立画院，聘请优秀的画家专职进行创作。我们听过的很多传世名画，都是由画院的专职画家创作的，比如《千里江山图》和《清明上河图》。

　　《千里江山图》是古代青绿山水画的巅峰，这幅画经历了八九百年的时光，仍显得耀眼夺目，这得益于画家使用的颜料。古代画院供画家使用的颜料都是昂贵的矿物颜料，绘画出的作品才能保存很长时间不褪色。

　　早期画院画家都是为皇室服务，他们绘画的主题也多是帝王肖像、官员肖像、山水等，但北宋后期，逐渐出现了关注市井生活的绘画题材，这就是"风俗画"。宋朝风俗画中最著名的作品，就是中国古代十大名画之一的《清明上河图》了。这幅画描绘了北宋都城汴京的繁华场景，我们可以从画中看到城中有大量餐馆、酒馆、车马出租行等，河中排列着运载货品的漕船，城市一派繁忙景象。

　　虽然唐朝的长安城、洛阳城也很繁华，但唐朝有宵禁，入夜之后人们必须回到自己居住的坊中。宋朝取消了宵禁，和现代一样，晚上也是一片灯火通明。

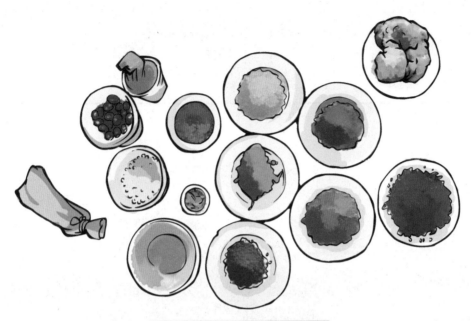

古代绘画使用的矿物颜料

古代矿物颜料的蓝色由青金石磨制，绿色由孔雀石、铜绿等磨制，红色由硫化汞矿石磨制。

《千里江山图》局部

这个球门好奇怪。

我们玩的不是现代足球，而是宋朝的蹴鞠。

两队只有一个球门，把球踢进那个洞就可以了！

赢了！

# 宋朝的体育游戏

　　足球是在全世界都流行的运动，但你知道足球起源于哪里吗？2004年，国际足球协会确认足球运动起源于中国。中国古代的足球叫蹴鞠（cù jū），是将动物皮革缝成圆球状，在里面填上稻草等物。早在2300年前的春秋时期，齐国军队就将蹴鞠作为了训练士兵体格的运动。蹴鞠发展到宋代，更是成为全民热衷的体育运动。宋太祖赵匡胤就喜欢蹴鞠，小说《水浒传》中的大反派高俅（qiú）也是一个蹴鞠高手。

　　宋朝足球赛中，双方各出16名球员，球员中有类似前锋、后卫的分工。《宋史·礼志》记载，宋朝皇帝在庆典或者招待外宾时举办的宴会中，就常常安排蹴鞠比赛作为助兴节目。

宋代鞠复原模型

　　鞠最早是皮革中塞满毛发的实心球，到了宋代，鞠的球壳发展为由多片牛皮缝制而成。

宋代球门"风流眼"

宋朝不仅男子爱踢球，富裕家庭的女子也常聚在一起踢球。当时，社会上还出现了类似"足球俱乐部"的组织，叫"齐云社"，他们每年都会举办比赛，评选出水平最高的球员。想要加入这个俱乐部也不简单，除了蹴鞠水平高，家里还要有权有势。

元《宋太祖蹴鞠图》局部

原作者为北宋苏汉臣，元代钱选临摹了这幅画。宋朝蹴鞠的玩法和现代足球大致相同，都是用脚踢球，将球踢进"球门"就算得分。不过宋朝球赛只有一个"球门"，它的样子也不是一个"门"，而是一个洞。宋代著作《东京梦华录》中，就曾对宋徽宗时开封球赛的场地有过详细描述：大殿前竖着两根高达三丈的杆子，用彩带结成球网，上面留一个一尺大小的小洞，叫"风流眼"。

宋朝人热衷的体育运动不只蹴鞠，还有相扑。相扑是一种类似摔跤的运动，由春秋时的"角抵"发展而来。比赛时，两个人常常赤裸上身，通过力量抗衡把对方摔倒。这种运动由于对抗性强，具有很强的观赏性。小说《水浒传》中的燕青就是一个相扑高手，另外，南宋抗金名将岳飞也常在军队中组织相扑赛。

《清明上河图》中描绘的相扑比赛

　　宋朝时，上至王公贵胄，下至平民百姓，都很喜欢看相扑比赛。相扑因此成为宋朝国粹。

# 宋朝也有娱乐业

宋朝时，市民生活非常丰富，当时的都城和大城市中已经有了类似现代"娱乐城"的地方，叫作"勾栏瓦舍"。勾栏瓦舍就像现在的剧场一样，每天都会上演不同节目，在这里，你可以看到女子相扑、歌舞、戏曲、皮影戏、杂技和魔术。

宋朝取消了宵禁，所以城中百姓可以在晚饭后外出娱乐，他们一般会去的地方就是勾栏瓦舍。抢不到票也没关系，剧场周围还有很多餐馆、酒馆、茶坊，在这里玩一个通宵都可以。

勾栏瓦舍想象图

在勾栏瓦舍表演的艺人有不少都受到了百姓的狂热追捧。宋代著作《东京梦华录》就曾描述魔术师张七圣在开封的勾栏瓦舍表演时，城中一票难求的场面。受欢迎的艺人，不仅可以通过卖门票赚钱，还会收到许多百姓赠送的鲜花、礼物。

## 中国最早的建筑技术著作

　　中国古代的建筑根据使用者身份和建筑功能的不同，分了很多不同的等级，例如有些屋顶、装饰只能在王室建筑中使用，如果平民也把房子修成那样，属于僭（jiàn）越，会受到严厉的惩罚。另外，出于不同目的修建的建筑，如寺庙、城楼、宫殿、民居、公共建筑，也必须采用不同的设计。这一套建筑理论经过了几百年的积淀，在北宋时形成了完整的体系。

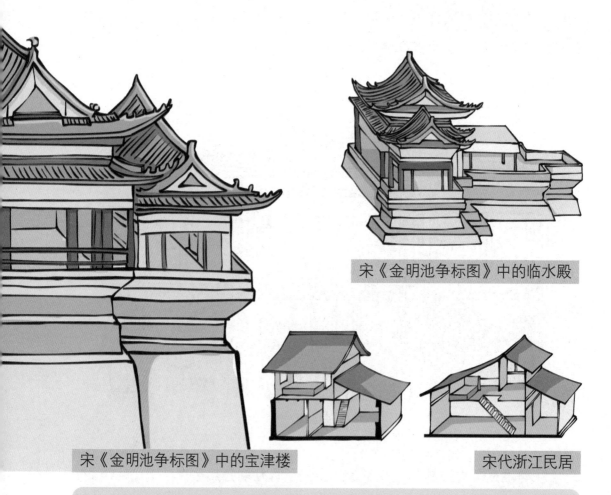

宋《金明池争标图》中的临水殿

宋《金明池争标图》中的宝津楼

宋代浙江民居

　　从古代绘画中，我们能清楚看到官式建筑与民居的区别。官式建筑参考自《金明池争标图》，据传这是北宋张择端的画作。

42

北宋时，建筑家李诫受朝廷委托编写一本系统的建筑专著。于是他在吸收前人著作的基础上，结合自己的工作经验，编写出了《营造法式》，书中明确了各类建筑的设计标准、规范，详细记载了建筑材料、施工定额、加工方式，是中国古代最完整的建筑技术著作。从此以后，设计师和建筑工匠们有了可以依据的建筑理论。从宋朝至清末的几百年间，虽然中国建筑的样式、装饰有一些变化、发展，但整体架构再也没有超出《营造法式》的体系。

《营造法式》中大木作殿堂立面示意

　　《营造法式》的内容十分详尽，包含大量图画。从内容看，官式建筑大致可分三类：殿阁，包括殿宇、楼阁、城门楼台、亭榭，这类建筑是宫廷、官府、庙宇中最隆重的房屋，要求气魄宏伟，富丽堂皇；厅堂，等级略低的官方建筑；余屋，包括殿阁和官府的廊屋、常行散屋、营房等。李诫在书中对上述三类建筑的用料大小、建筑式样都做了详细规定。

## 宋朝建筑中的高科技

宋代有这样一座木桥，它全身没有使用榫（sǔn）头和钉子，也没有设支撑柱，只采用捆绑方式将木料结扎起来连成桥体——这便是北宋画卷《清明上河图》中雄伟的汴水虹桥。虹桥是一座单孔木拱桥，位于汴京的中心地带。据记载，北宋皇帝常在节日时游览汴河和虹桥。可惜，这样一座古代桥梁的杰作没能保留下来，今天我们只能从画中一窥它的风采了。

《清明上河图》中的虹桥

根据记载，虹桥的两旁有木拱，拱梁的两端分别雕有狮、虎头像。每逢节日，人们都会装扮虹桥，例如重阳节时将松柏的枝叶和各色花朵插在桥上；元宵节时，在桥上挂满龙灯、兔灯等各式灯笼，让汴河两岸成了灯的世界。

现存至今的古代第一座跨海石桥是建于北宋的洛阳桥，又称万安桥。它修建以前，泉州的百姓都是乘坐渡船过江，但这个渡口可不一般，它不是位于水面平静的小河，而是在洛阳江的入海口，这里水面宽、风浪大，经常有人因渡江发生意外。遇上刮台风的日子，渡口更是要关闭好几天。为了让百姓安全渡江，当时的郡守蔡襄组织民工，共花费 6 年时间，建造了这座石桥。

洛阳桥上的月光菩萨塔

在修洛阳桥的时候，工匠们采用了"筏形桥基"，即在沿桥梁中线的河底下，用许多大石条做成桥墩。为了加固桥基，工人们还使用"生物建筑法"——在桥墩处饲养牡蛎，利用牡蛎对石料的吸附把江底的石条连接在一起。这种办法非常有效，它使洛阳桥在水流湍急的入海口矗立了几百年。

洛阳桥的筏形桥墩

洛阳桥全桥长834米，宽达7米，有500个石雕护栏、28只石狮子、9座石塔，全部用花岗岩建成。它位于洛阳江的入海口，经历几百年的海风、江水侵蚀，仍屹立不倒。

世界上第一座启闭式桥梁是潮州广济桥，建于南宋。广济桥在初建时是一座浮桥，后来人们觉得浮桥不稳固，便开始在江水中修筑石碓，作为桥墩，但这种又大又密的桥墩，影响了桥梁的排洪能力，所以在多年后，人们将桥中间的部分改回了浮桥。在江水暴涨的时候，切断浮桥，可以让洪水快速泄出。历史上，广济桥曾经多次被毁，又在元朝、明朝、清朝按照原来的设计重建。

广济桥的桥墩

　　广济桥建成的最初100多年间，采用木质桥墩，后来才改成了石桥墩。现在的广济桥桥墩非常有特色，有船型和半船型两种：船型墩为六边形，上下做成尖形，像船；半船型墩为五边形，上游尖下游平。所有的桥墩都将上游部分做成尖形，可以有效地降低水流对大桥的冲击。

广济桥中段的浮桥

在今天的山西省，有几座建于宋代的木建筑保存至今，成为建筑界研究宋代木结构建筑的宝贵样本。

**晋祠圣母殿的斗拱和盘龙**

山西太原的晋祠圣母殿，建于北宋年间。这是一座面阔7间、进深6间的大型木质宝殿，采用重檐歇山顶形式，黄绿色琉璃瓦剪边，完全按照《营造法式》中的定制而建。大殿的檐柱上雕刻着8条栩栩如生的盘龙。殿内除供奉的圣母主像外，还矗立着40多尊神态各异的仕女塑像，她们个个眉目传神、形态潇洒，展现了宋代宫人的气度。

**晋祠圣母殿**

宋辽时期，流行建造八角形楼阁式塔，这类佛塔的存世精品正是山西应县佛宫寺释迦塔。应县佛宫寺释迦塔俗称应县木塔，建于1056年，是世界上现存最高、最古老的木构塔式建筑，也是唯一一座木结构楼阁式塔。这座塔外观有5层，实有9层，各层均用内、外两圈木柱支撑，每层外圈有24根柱子，内圈有8根柱子，木柱之间使用了斜撑、梁、枋和短柱巧妙地架成一个八边形中空结构层，可谓巧夺天工。

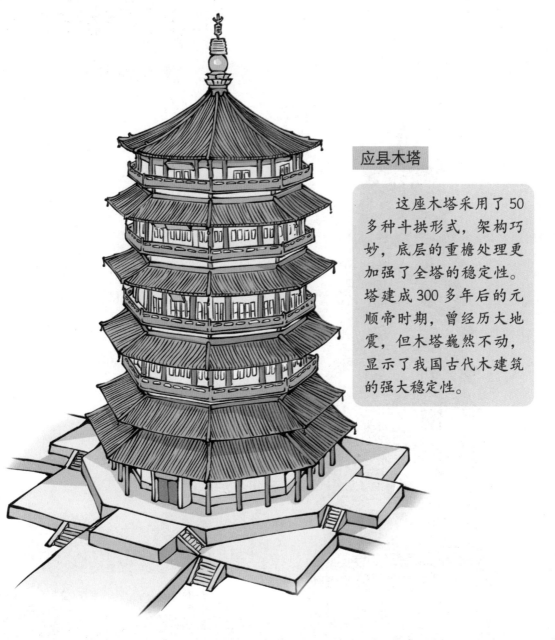

## 应县木塔

　　这座木塔采用了50多种斗拱形式，架构巧妙，底层的重檐处理更加强了全塔的稳定性。塔建成300多年后的元顺帝时期，曾经历大地震，但木塔巍然不动，显示了我国古代木建筑的强大稳定性。

宋代八角形楼阁式塔中，还是砖石塔更为常见。苏州报恩寺塔是南宋时在古塔基础上改建而来的八角塔，它看上去是木塔，实际上是一种砖石加木楼的双层套筒塔——塔的中心是砖石搭建的八角塔心，外面罩有一层木质外层，每层设有方形塔心室，木梯设在双层套筒之间的回廊中。

苏州报恩寺塔

在河北定州，还有一座建于北宋的八角楼阁塔，高达 83.7 米。由于塔身很高，在宋朝和契丹的战斗中，还曾当作瞭望塔使用。

同时期，在北方流行八角形密檐式佛塔。这种塔的特点是在台基上建须弥座，上置斗拱与平座，再上以莲瓣衬托较高的塔身，塔身上部以斗拱支撑各层密檐，塔顶立宝刹。

定州开元寺塔

这座塔是八角形仿楼阁砖石塔，是中国现存最高的砖塔。

定县開元寺塔

宋代佛塔中还有一座非常有特色的铁塔——位于湖北当阳玉泉寺，据塔身铭文记载建于 1061 年。整座塔高 17.9 米，由铁铸件结合而成，总共耗铁约 38300 千克。这样一座超大型铁塔也展现了北宋冶铁技术的发达。

当阳铁塔

　　整座塔由 40 多件铁铸件结合而成，其中塔底座和 13 层塔身在宋代铸成，塔顶宝刹是清代道光年间后铸的。

# 威力惊人的宋朝火器

在唐朝晚期，人们已经将黑火药应用到了军事领域，但唐朝的火药武器还很原始，主要是将火药球点燃，再用箭或抛石机抛出。到宋朝时，人们发明的火药武器种类更丰富了，杀伤力也大大提高了。现代人熟悉的热兵器（使用燃料的武器），如火枪、手榴弹等在宋朝时已经被应用到了战争中。

宋代火箭

宋代火箭是由普通弓箭、弩箭加工而来，在北宋军事著作《武经总要》中就有记载。使用时将火药包绑在箭弩上，点燃火药后射出，可以大大增加弩箭的杀伤力。

突火枪选用坚实的巨竹筒作为枪身，在巨竹筒内部装填火药与金属子弹，使用时点燃引线，使火药喷发，将子弹射出。据《宋史·兵志》记载，这种突火枪的射程一般在100步左右，最远的可以达300步。它是世界上第一种发射子弹的步枪。

南宋突火枪

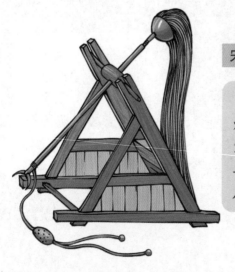

宋代火炮

明代军事著作《武备志》中有宋代火炮的绘图，但这种火炮更像一种抛石机。宋朝用生铁、碎瓷片、黑火药制作炮弹，再用这种机械投掷出去，炮弹在射入敌阵后爆炸，可起到大范围杀伤敌军的作用。

宋朝使用的炮弹有很多种，其中最具杀伤力的是火蒺藜（jí lí）和毒药烟球。

火蒺藜是一种铁壳圆球，球表面布满类似弓箭箭头的蒺藜，中间穿入一根长约 4 米的麻绳，外面包纸与黑火药。燃放时，先把铁球烧红，然后用抛石器抛出。黑火药爆炸后，铁蒺藜和铁球碎片会四散飞出，大范围杀伤敌军。

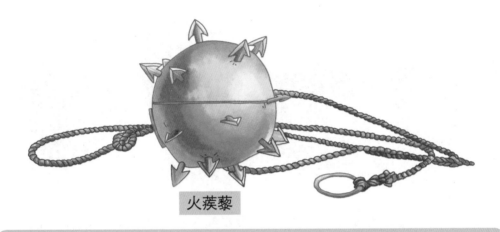

火蒺藜

火蒺藜又叫蒺藜火球，发明于宋初，后来成为宋军抗金、抗元的重要武器。元朝时也得到广泛应用。

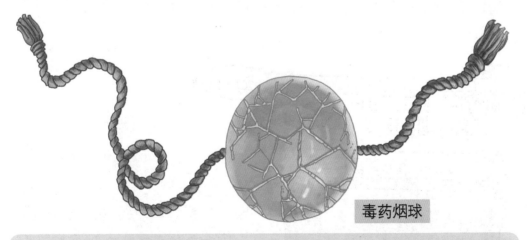

毒药烟球

外壳用多层纸糊成，里面装黑火药及狼毒、巴豆、草乌头、砒霜等毒药。使用时，先用烧红的烙铁把球壳烙透，再用抛石机抛出。据说，毒药烟球爆炸后，敌军吸入毒气，轻则口鼻流血，重则当场死亡。

宋朝还出现了最早的手榴弹——震天雷，形状各异，内装火药，外壳用生铁浇铸，铁器的缝隙处安有引线。待敌人接近时，点燃引线，用手掷出或用抛石机射出。震天雷爆炸时，能把外层生铁炸成碎片，飞出的铁片可以击穿敌军的盔甲。

震天雷

除了震天雷，宋朝还发明了一种活塞油泵火焰喷射器——猛火油柜。古籍中有记载：这种武器是将一个铜柜中注满油，铜柜内的空间通过4根金属管道与一根横放的巨筒相连，通过压缩巨筒上的活塞，可以将油抽出，从筒口喷射出去。喷油的同时用烙铁点火，火焰会瞬间吞噬敌人。

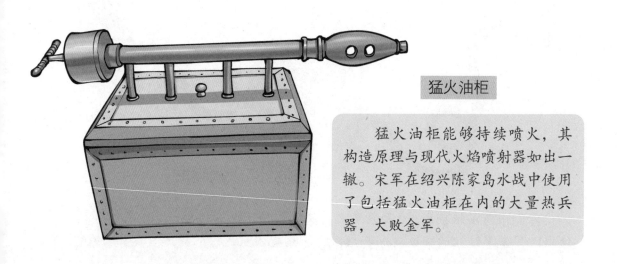

猛火油柜

猛火油柜能够持续喷火，其构造原理与现代火焰喷射器如出一辙。宋军在绍兴陈家岛水战中使用了包括猛火油柜在内的大量热兵器，大败金军。

**宋代旋风车炮复原模型**

旋风车炮是在一辆四轮车架上立以木柱，上置悬架，悬架可以转动，使车炮可向任何方向抛石头和炮弹。本模型是根据《武经总要》中绘图复原，陈列于中国军事博物馆。

# 小剧场：神奇的铜盆

洋洋，那是什么，好神奇啊。

这个叫鱼洗，是利用共振喷射水花的水盆。

古人好有创意啊！

别光顾着看水盆，那边还有更好看的。

宋朝采盐机械展

古人还发明了很多神奇的机械，我们一起去看看吧。

# 充满巧思的手工井盐

中国是世界上最早开采井盐的国家，早在 2300 年前，人们就通过人力挖掘开凿出大口盐井，采集地下的千层盐卤了。到宋朝时，凿井采盐的技术有了重大突破，工匠们发明了冲击式凿井法，并用这种方法凿出了一种称为"卓筒井"的小而深的盐井。

冲击式凿井法是一种机械钻井法，采用一种类似踏碓的机械，通过人力踩踏带动钻头上下运动击碎岩石，当凿到一定深度后，再把底部装有熟牛皮的竹制扇泥筒放入井中。熟牛皮构成了一个单向阀门，当扇泥筒落入井底时，井底的泥浆会冲开阀门，泥沙会流入筒中；当扇泥筒向上提，筒内泥浆的压力就会将阀门关闭，这样便可以将凿出的泥沙吸入筒内并提出井外。

转槽子

转槽子是一种凿井设备，工匠踩踏让槽子转动，提升钻头。钻头在井内垂直运动，靠重力击碎井底岩石，钻出圆形井眼。

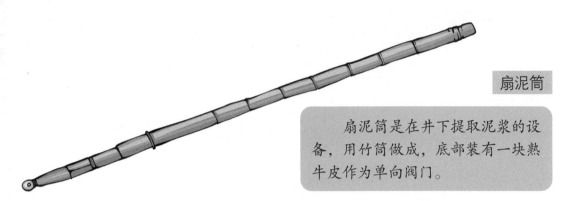

扇泥筒是在井下提取泥浆的设备，用竹筒做成，底部装有一块熟牛皮作为单向阀门。

为了防止井壁塌陷，工匠们还用楠竹或圆木制成了中空保护管套，一点点接入井内。

盐井凿成之后，工匠们用天车、大车、汲卤筒等机械将卤水从井中汲取出来，然后将卤水送入灶房煎煮成盐。

为了打捞掉落井下的器物，工匠们还陆续发明了偏肩、铁五爪等修井工具。至 16 世纪时，各种钻井、淘井、修井的机械已经非常成熟。

马蹄锉

马蹄锉能使井眼规则、圆滑，多用于纠正斜井、处理井壁不光滑的情况。

小知识

卓筒井是以直立、粗大的竹筒吸卤的盐井，发明于北宋。井口仅竹筒大小，可以深达数十丈。提捞法采卤的工艺技术比西方早了 400 多年。

卓筒井汲卤

一个制盐作坊不仅要配置数口盐井，还要配备储卤池、灶房、晒盐坝等。晒盐坝上铺设着巨大的晒盐架，架侧的筒车似圆盘状，筒车的内圈安上木板，人在木板上走动，促使筒车旋转，将晒坝架下石坑中的卤水输送到顶端的天船，再通过天船底部空竹筒的小眼喷射到荆竹丫上，让卤水中的水分蒸发。

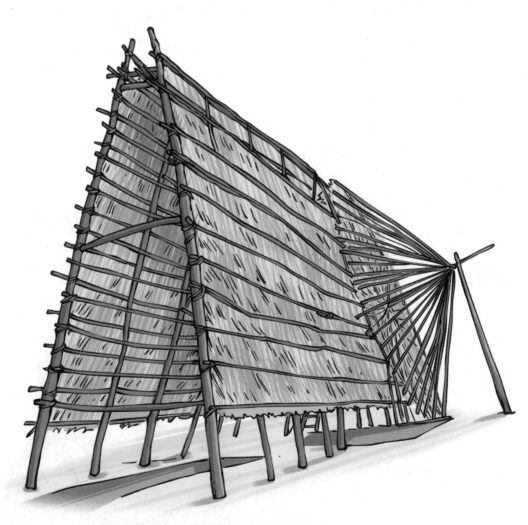

四川大英井晒盐架

用大口盐锅煮盐的方法叫"敞锅熬盐"，煮盐的技术细节从汉代以来一直都在调整，至宋明时已经形成一套固定的操作流程。比如：在煮盐前，往往先进行黄卤（一般是底层浅处的卤水）与黑卤（底层深处的卤水）的搭配，调剂浓度；当煎煮近于饱和时，往卤水中点加豆浆，可以使钙、镁、铁等的硫酸盐杂质凝聚起来；当卤水浓缩澄清后，点加在别锅煎制出的、结晶状态良好的食盐晶粒，可以促使浓缩的卤水析出结晶。

四川自贡的"敞锅熬盐"作坊

# 宋朝农业机械的发展

将蚕茧在水中煮到膨胀后，把蚕丝捻成丝线的过程叫作缫（sāo）丝。商代时，中国已经有了手摇式缫丝工具；到宋朝时，人们发明了脚踏式缫丝车。脚踏缫丝车是在丝框的曲柄处接上连杆并和脚踏杆相连，用脚踩踏杆做往复运动，通过连杆带动丝框曲柄，使其连续转动进行缫丝。这种机械的发明大大提升了缫丝的工作效率。

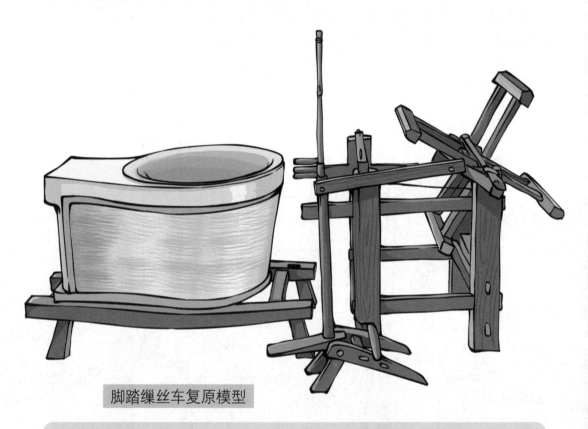

脚踏缫丝车复原模型

这是以脚启动由一人操作的缫丝机械。由手摇缫车发展而来，是在其上添加踏板和连杆而成的。

南宋时，又出现了一种高效的水力纺织机械——水转大纺车。这种机械设计先进，已具备动力机、传动机构和工具机，是当时世界上比较先进的纺织机械。

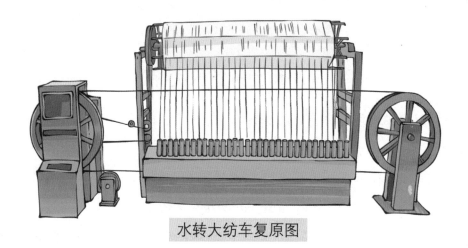

水转大纺车复原图

　　在唐宋时期，出现了一种水力船磨，用来进行粮食加工。这种机械是将石磨安置在船的中部，石磨顶部的连杆与船两侧的水轮相连，水流冲击水轮时就会带动石磨运作。元代王祯的《农书》中就对这种结构作过专门介绍。水力船磨深受江河附近农民的欢迎，一直到20世纪70年代，我国黄河沿岸仍有人使用水力船磨。

水力船磨想象图

## 水稻品种的改良

　　唐朝中期至两宋，大量人口南迁，为了增加粮食产量，人们开发出了梯田、圩田、柜田、架田、湖田等各种稻田。为适应不同的种植需要，人们还培育了许多新型水稻，这其中数占城稻和黄穋（lù）稻最为出名。

　　占城稻是北宋从福建推广到江淮一带的稻种，它耐寒、早熟，很适合在梯田等地种植，因此很快在江淮、两浙地区普及开来。黄穋稻是一种生长周期很短的早熟水稻品种，一般种在圩田、湖田中——南宋农学著作《陈旉（fū）农书》在介绍吴地稻作生产时，就只提到了这一种水稻。

　　北宋的农学家曾安止还创作了中国最早的水稻品种专志《禾谱》，书中记载了西昌（今江西泰和）一带的水稻品种，共 50 多种。

宋朝农民插秧场景想象

宋朝时，水稻种植已经形成了整地、育秧、田间管理"三位一体"的精耕细作体系。《陈旉农书》中对秧田整地、浸种催芽、播种期掌握、水层管理等多个种植流程进行介绍，并归纳出每一步骤的具体操作方法。

水稻移栽一般要经过布秧、游荫（施肥）、拔秧和插秧四个环节。为了缓解拔秧、插秧工作的辛劳，宋朝发明了一种叫"秧马"的工具。它由木料制成，可以浮在水田中，农民坐在秧马上劳作，省时又省力。

农民利用秧马劳作

今天早上，官府在稻田边发现了一个死者，他是被人用镰刀杀死的。

可是这个村的农户家家都有镰刀，谁才是凶手呢？各位侦探，现在请你们给官府一点意见吧。

看哪把镰刀最干净，镰刀的主人就是凶手！

为什么呢？

正常镰刀是脏的，但凶手杀人之后，一定会把刀上的血洗干净。

我的话，会先调查谁和死者有仇。

都有道理，那我们看看南宋的大侦探是怎么破案的吧。

## 南宋的大侦探

法医是在命案中检查死者、推断死因的专业办案人员，他们的工作对案件侦破有着十分重要的作用。南宋时，中国出了一位著名法医——宋慈，他总结自己多年的办案经验，写出了法医学专著《洗冤集录》，这本书不仅成为后世几百年刑狱官办案的必备参考书，还被译成荷兰、英、法、德等国文字，传遍了世界，宋慈因此被尊为"世界法医学鼻祖"。

宋慈像

《洗冤集录》中很多知识都与现代刑侦、法医学内容相符。宋代官署中检验死伤的吏役叫"仵作"，仵作需要对案件中的死者进行详细检查，并推测出死因、死亡时间以及受致命伤的部位，这些信息对办案人员分析案情有很大帮助。但普通仵作往往善于检验刚死之人的伤情，对于已经腐烂甚至只剩白骨的尸体，却无法查验。于是，宋慈总结、发明了许多检验腐烂尸骸的办法，这为基层办案人员侦破案件提供了有力指导。

宋慈的"银钗验毒"

　　仵作在判断死者是否中毒时，常用银钗插入尸体，看到银钗变黑，就会判断死者死于砒霜中毒。银钗变黑其实是砒霜中的硫与银发生了化学反应，生成了硫化银。

　　在检查凶案现场的时候，宋慈命人扫去地上的灰尘、杂物，在地面上泼洒白酒和浓醋，这时地面上就会显出血迹。这种还原现场的方法叫"检地法"，与现代刑侦中的用荧光剂还原血迹的方法类似。

宋慈的"检地法"

　　白酒和醋的主要成分为有机溶剂，会与血迹中凝固的蛋白发生反应，从而使血红蛋白溶解显现。

宋慈在《洗冤集录》中记载了用红外线检验白骨的方法：先挖一个地窖，放入柴火把地窖烧热，再往地窖中洒入白酒、浓醋，利用蒸气熏蒸白骨，然后把尸骨摆放到明亮处，迎着太阳撑起一把红伞，用透过红伞的光检验死者生前是否已骨折。"红伞验骨法"的原理在今天来看不再神秘：骨缝里的血迹肉眼不易察觉，这时用白酒、醋使血迹显现，再用红伞遮掉其他可见光，突出长波红外线，便能让办案人员清楚地看到尸骨上的血迹。

宋慈的"红伞验骨法"

《洗冤集录》中还记录了一个"镰刀杀人案"的精彩侦破过程：一个农夫在村里被杀了，宋慈很快验出死者身上的伤痕是用镰刀砍出的，但村里家家都有镰刀，谁才是凶手呢？宋慈想出了一个办法，让所有人把自家的镰刀拿出来摆在一起，其中一把镰刀很快就吸引了大量苍蝇，宋慈由此判断这把镰刀的主人就是凶手。在这个案件中，凶手虽然洗掉了镰刀上的血迹，但血腥味还在，所以会引来苍蝇，这是利用生物特性破案的经典案例。

# 好玩的数学游戏

中国古人写的数学著作，一般是以应用题问答的方式呈现。因为数学是与天文、历法、建筑、贸易都密切相关的知识，因此可以说数学的发展水平从侧面反映了整个社会的科技发展水平。

在南宋时，数学家秦九韶（sháo）已经在数学应用题中提出了高次方程的问题并作出解答，这是中世纪人类社会伟大的数学成就之一，比西方数学家高斯建立同余理论早了500多年。秦九韶所发明高次方程解法叫"大衍求一术"，即现代数论中的一次同余式组解法。除"大衍求一术"外，秦九韶还拟出了正负开方术，即任意高次方程的数值解法。

秦九韶像

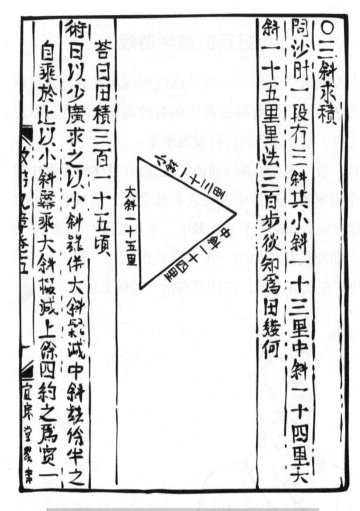

《数书九章》中的"三斜求积"应用题

秦九韶的数学著作《数书九章》以应用题对答的方式列出了9种共81道应用题,涉及天文、星象、历律、测候、水利等各个方面。

南宋另一位数学家杨辉在总结民间乘除捷算法、"垛积术"纵横图以及数学教育等方面作出了巨大贡献。杨辉是世界上第一个将数字排成种类丰富的纵横图并讨论其构成规律的人,他将自己的研究成果写在《乘除通变本末》、《田亩比类乘除捷法》和《续古摘奇算法》等书中,后人将这三本书合称为《杨辉算法》。

| | | | | | | | | |
|---|---|---|---|---|---|---|---|---|
| 三一 | 七六 | 十三 | 三六 | 八一 | 十八 | 二九 | 七四 | 十一 |
| 二二 | 四十 | 五八 | 二七 | 四五 | 六三 | 二十 | 三八 | 五六 |
| 六七 | 四 | 四九 | 七二 | 九 | 五四 | 六五 | 二 | 四七 |
| 三十 | 七五 | 十二 | 三二 | 七七 | 十四 | 三四 | 七九 | 十六 |
| 二一 | 三九 | 五七 | 二三 | 四一 | 五九 | 二五 | 四二 | 六一 |
| 六六 | 三 | 四八 | 六八 | 五 | 五十 | 七十 | 七 | 五二 |
| 三五 | 八十 | 十七 | 二八 | 七三 | 十 | 三三 | 七八 | 十三 |
| 二六 | 四四 | 六二 | 十九 | 三七 | 五五 | 二四 | 四二 | 六十 |
| 七一 | 八 | 五三 | 六四 | 一 | 四六 | 六九 | 六 | 五一 |

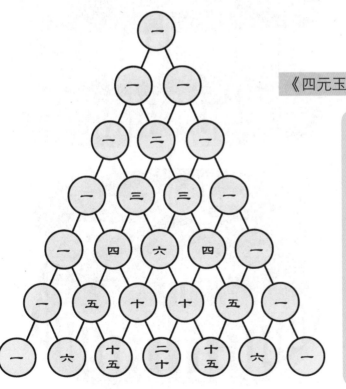

......

# 精密的水运仪象台

在 11 世纪初的北宋，天文学家把浑仪、浑象和宝石装置结合起来，制作出了一种大型的综合天文仪器——水运仪象台。这是一种利用流水驱动的精巧机械，能同时实现天象观测、天象演示、计时报时三种功能。

## 水运仪象台的报时装置

根据记载，水运仪象台高 12 米，宽 7 米，最上层设置浑仪，且有可以开合的屋顶；中层是浑象，下层为报时系统。图中的报时装置上有 160 多个小木人，还有钟、鼓、铃、钲（zhēng）4 种乐器，用作报时。

# 石刻星图与恒星观察记录

宋朝时，人们一共进行过 5 次恒星位置的测量。其中在 1078—1085 年的第四次观测结果被绘成星图，保留在《新仪象法要》一书中。后来，浙江永嘉人王致远把这份星图刻在石碑上，保存在苏州文庙中，这就是"苏州石刻《天文图》"。

石碑高 2.16 米，宽 1.06 米，碑上半部分为一圆形全天星图，下半部分为说明文字。星图按照中国古代传统的"盖图"方式绘制。它以天球北极为圆心，分出三个同心圆，有 28 条辐射状线条与三圆正向交接，分别通过二十八宿的距星。全图共刻恒星 1400 多颗，银河带斜贯星图。

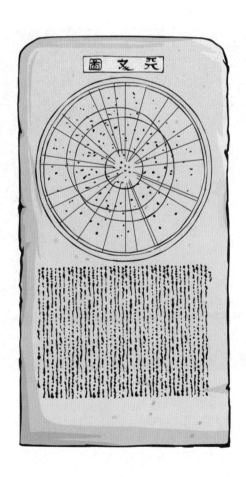

### 苏州石刻《天文图》

现藏于苏州石刻博物馆。原图由南宋学者黄裳绘制，后来在 1247 年被刻于石板之上。过了 200 多年，明朝人担心该星图会年久磨灭，就又重新刻制了一块，存放在苏州常熟县。

宋朝还将对超新星的观察记录，留在了多本史书中。据《宋史·天文志》《宋会要》等书记载，在 1006 年、1054 年、1181 年，天空中都出现了明亮的"客星"。现代的天文学家经过研究，认为这些客星都是超新星，并在宇宙中找到了它们相对应的痕迹。其中关于 1054 年的超新星的记录尤为翔实，天文学家确定金牛座蟹状星云就是这颗超新星爆发后留下的遗迹。

《新仪象法要》中的星图

金牛座蟹状星云

《宋会要》中记载的超新星早上从东方升起，像金星一样明亮无比，在长达 23 天的时间里，人们都可以在白天看到这颗星星。之后，它渐渐暗淡，大约 2 年后才彻底消失。

# 后记

　　华夏五千年的历史源远流长，各种重要的科技成就层出不穷，为人类文明的发展作出了不可磨灭的卓越贡献，这是我们每一位中国人的骄傲。不过，我国虽然历来有著史的传统，但对专门的科技发展史却着墨不多。近现代，英国科技史专家李约瑟所著的《中国科学技术史》是一部有影响力的学术著作，书中有着这样的盛赞："中国文明在科学技术史上曾起过从来没有被认识到的巨大作用。"

　　不过，像《中国科学技术史》这样的科技史学著作篇幅浩瀚，囊括数学、天文、地理、生物等各个领域。如何把宏大的科技史用浅显的语言讲述给孩子们，是我一直思考的问题。让儿童也了解我国的科技史，进而对科技产生兴趣，对华夏文明产生强烈的自豪感，那真是意义非凡。

　　经过长时间的积累和创作，这套专门给少年儿童阅读的中国科技史——《科技史里看中国》诞生了。希望这套书的问世能填补青少年科技史类读物的空白。这套书图文并茂，故事性强，符合儿童的心理特点，以朝代为线索将科技史串联起来，有利于孩子了解历史进程。

　　希望《科技史里看中国》能够带孩子们纵览科技史，从历史中汲取智慧和力量，提升孩子们的创造力和科学素养。